华中科技大学出版社
http://www.hustp.com
中国·武汉

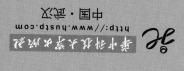

普通高等教育艺术设计类"十三五"规划教材

建筑景观设计手绘表现

JIANZHU JINGGUAN SHEJI SHOUHUI BIAOXIAN

主编 郑革委

艺术设计
ARTDESIGN

内 容 简 介

本书主要包括两部分内容：手绘理论知识和手绘效果图表现。本书具体有建筑、植物、人物、汽车的手绘表现。本书从基础理论层面对透视原理、手绘表现技法等内容进行了精简而系统的讲解，不仅能够让手绘初学者掌握手绘表现技法，而且能够让学生了解怎样通过手绘的方式来进行设计表达。在手绘效果图表现部分，通过分解手绘效果图表现步骤，详细讲解了景观设计手绘中常见的表现方法和步骤。

图书在版编目（CIP）数据

建筑景观设计手绘表现 / 郑毅主编. — 武汉：华中科技大学出版社，2014.8
ISBN 978-7-5680-0345-2

Ⅰ.①建⋯ Ⅱ.①郑⋯ Ⅲ.①景观设计 – 绘画技法 – 高等学校 – 教材 Ⅳ.①TU986.2

中国版本图书馆 CIP 数据核字(2014)第 183322 号

建筑景观设计手绘表现 郑毅 主编

策划编辑：曾 光 彭中军
责任编辑：彭中军
封面设计：龙文装帧
责任校对：曾 婷
责任监印：张正林
出版发行：华中科技大学出版社 （中国·武汉）
　　　　　武昌喻家山 　邮编：430074 　电话：（027）81321915
录　　排：龙文装帧
印　　刷：湖北新华印务有限公司
开　　本：880 mm × 1 230 mm 　1/16
印　　张：6.5
字　　数：204 千字
版　　次：2016 年 7 月第 1 版第 2 次印刷
定　　价：39.00 元

前言

建筑景观设计手绘表现是一种常见的艺术形式和基本技能。设计师运用简单的绘画工具，通过简练的线条表达出对象的形态和特征。它可以记录形象，为创作收集素材。在这个意义上，它可视为写生的一种。建筑景观设计手绘表现还可以作为一种独特的艺术表现形式或设计构思表现形式。它不是简单地记录现实，而是创作激情和思想火花碰撞、交融后再现的一个过程。这是设计师对客观世界的一种艺术表达方式。古今中外的艺术大师除了创作出许多经典的作品外，还留下了大量生动的建筑景观设计作品，这些作品同样成为人类宝贵的艺术收藏。

随着科学技术的不断进步，计算机的应用给建筑景观设计带来了历史性的变革。在这种形势下，有人可能会认为，建筑景观设计手绘表现这种徒手绘画技法将会逐渐被那些先进的设备所代替，其实不然。虽然计算机已普遍运用于建筑景观设计中，并充分展现出设计精确高效，记忆功能强大，修改、存储、复制便利等优点，但这些设备无论多么先进，都只是由人操作的机械行为，难免呆板、缺少灵性。而且还受时间、地点的限制和软件表现技法的约束。建筑景观设计手绘表现是任何先进的机器所不能取代的，也不可能被某种现代技术所替代。这也正是学习、训练建筑景观设计手绘表现的意义所在。随着徒手表现能力的增强，表现手段也更为灵活多样。

本书全面而系统地展示建筑景观设计的手绘过程，从手绘工具（如笔、纸等）开始，通过线条的表达、透视构图技巧、手绘表现应用及建筑配景等进行理论讲解和实例分析，从而使读者掌握景观手绘技法，进而提高读者的审美素质和快速表达的能力。

本书适合作为高等院校环境艺术设计专业基础教材，也可以作为相关领域的专业人员和业余爱好者的参考资料。由于水平有限，书中的疏漏之处在所难免，希望广大读者多提宝贵意见，以便再版时修订。

编　者

2014 年 7 月

JIANZHU JINGGUAN SHEJI SHOUHUI BIAOXIAN

目录

JIANZHU JINGGUAN SHEJI SHOUHUI BIAOXIAN

第一章

绘画工具

HUIHUA GONGJU

第一节
画笔、画纸及辅助工具

一、画笔

（一）铅笔

　　铅笔中，H 系列为硬，B 系列为软，HB 为中性。表现图常用中软铅笔起稿，有深有浅，便于擦改。炭笔可归于此类，其色黑且深沉，宜作素描表现。铅笔如图 1-1 所示。

图 1-1　铅笔

（二）钢笔

　　钢笔使用起来方便快捷，是设计师速写、勾勒草图和快速表现的常用工具。签字笔、针管笔、蘸水钢笔均可归属钢笔类。钢笔如图 1-2 所示。

图 1-2　钢笔

（三）彩色铅笔

彩色铅笔颜色较为透明。国产彩色铅笔蜡质较重，有排水性；进口彩色铅笔中有一种水溶性笔，涂色后用水抹，即有水彩意蕴。彩色铅笔用笔方法同一般铅笔，宜在较厚、较粗的纸上作画。彩色铅笔如图1-3所示。

图1-3　彩色铅笔

（四）马克笔

马克笔分水性的和油性的两类。油性的易挥发，用后要将笔头套紧，且不宜久存，其笔迹可用甲苯涂改。马克笔宜在表面较为光滑的纸上作画。马克笔如图1-4所示。

图1-4　马克笔

（五）喷笔

喷笔要配合空气压缩机或压缩空气罐使用，其口径从0.2 mm到0.8 mm不等，价格较高，常备两支即可。喷笔用后应马上清洗，避免堵塞。喷笔如图1-5所示。

图1-5　喷笔

（六）泡沫头水彩笔

泡沫头水彩笔国产的较多，价格便宜，但颜色种类有限，缺少灰色系列，多为儿童使用。作画时可将鲜色退去，自配灰色颜料重新加入，能获得较为满意的效果。泡沫头水彩笔如图1-6所示。

图1-6　泡沫头水彩笔

（七）色粉笔

色粉笔较一般粉笔细腻，颜色种类较多，大都偏浅、偏灰，多与粗纸结合，宜薄施粉色，厚涂易落，画完需用固定剂喷罩画面，以便保存。色粉笔如图1-7所示。

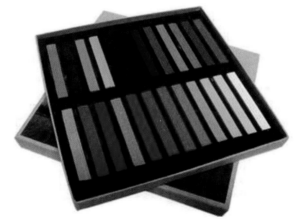

图1-7　色粉笔

（八）油画棒、蜡笔

油画棒、蜡笔有排水性，巧妙利用可表现特殊效果，也可用于局部提色、点缀。油画棒如图1-8所示。

图1-8　油画棒

彩色铅笔、马克笔、泡沫头水彩笔、色粉笔和油画棒和蜡笔之类，均为笔色同体，划归颜料类亦可。

建筑景观设计手绘表现通常使用硬笔，主要有钢笔、圆珠笔、铅笔、炭笔等。

二、画纸

画纸的选择应随作图的形式来确定，绘图必须熟悉各种画纸的性能。

（一）素描纸

素描纸纸质较好，表面略粗，易画铅笔线，耐擦，稍吸水，宜进行较深入的素描练习，用于绘制彩色铅笔表现图。素描纸如图 1-9 所示。

图 1-9　素描纸

（二）水彩纸

水彩纸正面纹理较粗，蓄水力强，反面稍细也可利用，耐擦，用途广泛，宜画精致的表现图。水彩纸如图 1-10 所示。

图 1-10　水彩纸

（三）水粉纸

水粉纸较水彩纸薄，纸面略粗，吸色稳定，不宜多擦。

（四）色纸

色纸色彩丰富，品种齐全，多为进口纸，国内少数大城市有售，价格偏高，多数为中性低纯度颜色，可根据画面内容选择适合的颜色基调。

卡纸（见图 1-11）、书面纸（见图 1-12）、牛皮纸多为工业用纸，熟悉其性能后也可成为进口色纸的代用品。

图 1-11　卡纸

图 1-12　书面纸（封面纸）

（五）绘图纸

　　绘图纸纸质较厚，结实耐擦，表面较光，不适宜水彩，适宜水粉，适合钢笔淡彩及马克笔、彩铅笔、喷笔作画。绘图纸（制图纸）如图 1-13 所示。

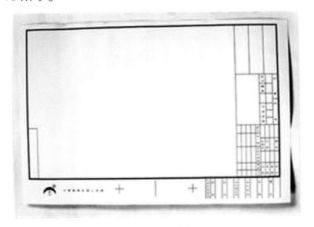

图 1-13　绘图纸（制图纸）

（六）复印纸

　　复印纸有 A4、A3、A2 等几种规格。复印纸有着较坚韧的质地，适合钢笔、针管笔在其上书写。复印纸如图 1-14 所示。

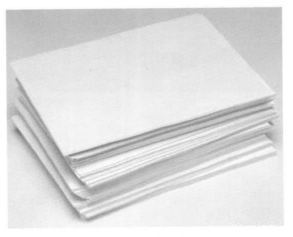

图 1-14　复印纸

（七）描图纸（拷贝纸）

描图纸半透明，常作拷贝、晒图用，遇水收缩起皱，宜用针管笔和马克笔在其上绘画。描图纸如图 1-15 所示。

图 1-15　描图纸

三、辅助工具

除了上述工具以外，还有一些辅助工具是必不可少的。

（一）橡皮

橡皮用于擦拭痕迹，主要是用 2B、4B、6B 等型号的美术专用橡皮，以及可塑橡皮等。橡皮如图 1-16 所示。

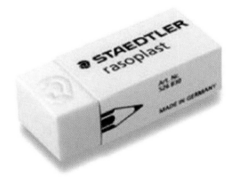

图 1-16　橡皮

（二）美工刀

美工刀主要是指刻刀，用来切割质地较软的东西，如铅笔、橡皮等。美工刀如图 1-17 所示。

图 1-17　美工刀

（三）纸笔

纸笔用于面积小的地方，在排好线的地方，拖出衣服的纹理及花纹，也可以在画面上表现出朦胧、柔润的效果，同时亦可以当画笔用。当纸笔蘸有颜料时，可利用其适当地绘阴影或表现暗的地方。

（四）速写板

速写板多用于固定纸张。

（五）速写本

速写本的纸张较厚，纸品较好，多为活页，以方便作画，有横翻、竖翻等形式。用速写本作画易保存和携带，深受广大美术爱好者喜爱。速写本如图1-18所示。

图1-18　速写本

第二节
线条的语言

一、线条简介

绘画时勾勒轮廓的线，有曲线、直线、折线，有粗线、细线，统称"线条"。线条是构成图案和文字的基本元素，包含三大类：客观存在的、人为的，以及富有情感的。例如：太阳和月亮的轮廓、起伏的山峦、蜿蜒的河流所形成的轮廓，这些都是客观实在的线条（见图1-19）。

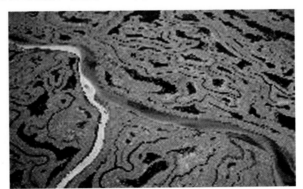

图1-19　客观实在的线条

线条还有人们随手画出来的人为线条（见图1-20）。

图1-20 人为线条

此外，还有融入了人们情感创作出来的线条，即富有情感的线条（见图1-21）。

图1-21 富有情感的线条

二、线条的绘画形式及运用

（一）线条是绘画中最主要的元素，具有较强的概括力和细节刻画力

线条易于勾画物象的形状、结构和特征。长短线条结合使用，易表现出丰富的效果。确切地画出种种表现线条，能使每根线条都意有所指。在建筑景观设计手绘表现中，运用简练的线条可以快速勾画出建筑物的形状和结构。线条是建筑景观设计手绘表现快速造型的最主要元素，是景观设计手绘表现的主要艺术语言。

线条主要有两种：直线（见图1-22）和曲线（见图1-23）。

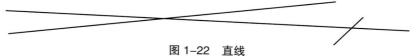

图1-22 直线

图 1-23　曲线

线条经常用来表现男性或女性的特征。或精确细密，或自由流畅等，这一切都依赖于其长度、宽度、方向、角度或与曲线结合的度数等因素。

竖线条蕴含着一种对地球引力的稳定抵制，似乎给空间增添了尊严和正式感。如果有相当高度的话，竖线条（见图 1-24）会激起人们的激情和奋发向上的情感。

图 1-24　竖线条

（二）线条的运用

（1）水平线往往表示宁静、放松的随意感，尤其在有相当的长度时更是如此。较短的、不连接的水平线能成为一系列的短画线。

（2）对角线、斜线相对来说更有活力，因为其显示的是运动感和形态特征，能较长且顺利地从对角穿越空间；向上弯的大曲线呈振奋向上的状态，有鼓舞、激励人的含义。

（3）曲线往往与温柔和放松联系在一起，又可以表示一系列的情感色彩。不过，它们也可能表达坚实稳固以及和大地接近的意思；而小的曲线可显示幽默和滑稽的意味。

线条的运用如图 1-25 所示。

图 1-25　线条的运用

第二章

透视的种类和表现方法

TOUSHI DE ZHONGLEI HE BIAOXIAN FANGFA

第一节
透视的概念和基本原理

一、透视的基本概念

（一）透视、透视现象、透视图、透视学

（1）透视，简言之为"透而视之"，是将三维空间的形体转换成具有立体感的二维空间画面的绘图技法。

（2）画好的建筑速写，运用点、线、面造型，受到客观物象透视关系的制约。由于选取物象视觉角度的变化，物象形状轮廓、高低大小也跟着改变，如近大远小、近低远高或近高远低。这种有规律的视觉现象，也就是"透视现象"。正确运用透视知识才能准确表现出物象的远近、比例、空间关系和物象的立体感。

（3）最初研究透视是采用一块透明的平面去看景物的方法，将所见景物准确描画在平面上，即成了该景物的"透视图"。

（4）在平面画幅上，根据一定原理，用线条来显示物体的空间位置、轮廓和投影的科学称为"透视学"。透视学是一门研究和解决在平面上表现立体效果、具有空间结构景象的绘画与设计的基础学科。

（二）常用术语与基本概念

（1）立点：作画者立在某作画的地点。

（2）视点：作画者眼睛的位置。

（3）视高：地面到人眼睛的距离，与视平线同高。

（4）视平线：通过画面视中心的一条与视点同高的直线，一般可与地平线重合。

（5）视中线：从视点到视中心的线。

（6）灭点：从作画者一直延伸到视平线上，通过物体的所有实现的交叉点，也称消失点。

（7）测点：也称重点，求透视图中物体长宽高的测量点。

（8）基线：画面底线。

二、透视的基本原理

（一）透视的基本原理

（1）透视是人的眼睛观看物象，通过瞳孔反映于眼睛的视网膜上而感知的。看远近距离不同的相同物象，其中距离越近在视网膜上成像越大，距离越远在视网膜上的成像越小。透视原理图如图 2-1 所示。

（2）透视有三种：色彩透视、消逝透视、线透视。这是达·芬奇总结的。其中最常用的是线透视。透视学在绘画中占很大的比重，它的基本原理是，在画者和被画物体之间假想有一面玻璃，固定住眼睛的位置（用一只眼睛看），连接物体的关键点与眼睛形成视线，再相交于假想的玻璃。在玻璃上呈现的各个点的位置就是要画的三维物体在二维平面上的点的位置。这是西方古典绘画透视学的应用方法，如《最后的晚餐》（见图 2-2）。

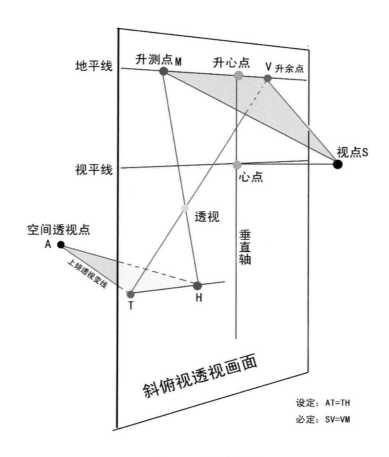

图 2-1　透视原理图

图 2-2　达·芬奇《最后的晚餐》

（二）透视法则

（1）同积体的物体，给人的感觉是"近大远小"；同长度的线段，给人的感觉是"近长远短"。

（2）平行于画面的平行线（垂直原线、水平原线、倾斜原线）无消失变化。

（3）与画面不平行而成一定角度的平行线都会给人"近宽远窄"的感觉，最后汇集到同一灭点的透视（即消失）现象。

"一叶障目，不见泰山""窗含西岭千秋雪，门泊东吴万里船"，都是"近大远小"透视现象极好的写照。

第二节

透视的分类

在现实生活中，视觉产生的空间感体现透视的空间形象，所以在认知了物体的形状、体积要素之后，要从透视的角度来探讨空间的视知觉，透视主要分为一点透视、两点透视、三点透视、圆的透视。

一、一点透视

（一）定义和基本特点

1. 定义

一点透视也称平行透视（焦点透视），就是说立方体放在一个水平面上，前方的面（正面）的四边形分别与画纸四边平行时，上部朝纵深的平行直线与眼睛的高度一致，聚集于一个消失点（灭点）。一点透视原理图如图2-3所示。

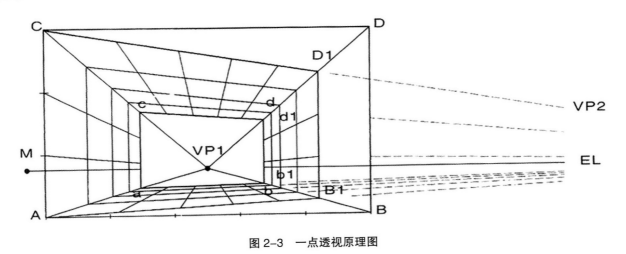

图2-3　一点透视原理图

2. 特点

有一个面是与画面平行的；有一个灭点呈发散状（物体主要结构线从四周向灭点聚集成一个点）；正面为矩形。

（二）优缺点及其应用

（1）优点：画面稳重均衡，视野开阔、纵深感强，适于表现大空间，表现内容多、范围广。

（2）缺点：比较呆板，与真实效果有一定的距离。这种透视有整齐、平展、稳定、庄严的感觉。

（3）多用于较严肃的设计题材，如：商场、办公、家居、纪念碑等。

一点透视图如图2-4所示。

图 2-4　一点透视图

二、两点透视

（一）定义和基本特点

1. 定义

两点透视也称成角透视，是空间物体的所有立面与画面成斜角。它的每一条线条分别消失于视平线左右两个灭点上，其中，斜角大的一面灭点距心点近，斜角小的一面距心点远。

2. 特点

（1）任何一个面都和画面不平行：以中心点到视点为中轴线，物体两面具有一定的倾斜，与画面呈不平行状态。

（2）两个灭点：两组成角边线，水平消失方向不一，有成角透视的主要特征；两个灭点都在视平线上（视平线以上的成角边线向下消失，视平线以下的成角边线向上消失）。

（3）具有变化的空间表达：较一点透视更为生动，不拘泥于单一的格局，适合室内外展现表现方式，是建筑效果图中最重要的一种表达方式。

（4）以立方体为代表的正平行六面体的三组棱边在成角透视时，只有直立棱边平行于画面，因而是直立原线，它们的透视仍然保持直立并且相互平行，没有灭点，只有近长远短的变化。两点透视原理图如图 2-5 所示，成角透视如图 2-6 所示。

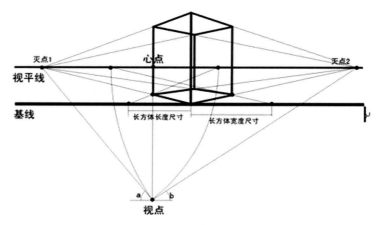

图 2-5　两点透视原理图

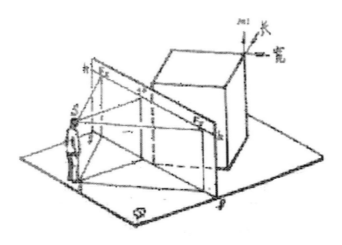

图 2-6　成角透视

(二) 优缺点及其应用

1. 优点

自由、活泼，反映空间比较接近于人的真实感受。其画面灵活富有变化，表现内容少，适用表现小空间。能够比较真实地反映空间，最符合正常视觉的透视，富有立体感。

2. 缺点

在角度的选择上要谨慎，若角度选择不好，容易产生变形。常见的问题是视平线分离，也就是同向成角线的灭点分离问题。

3. 应用

多用于表现灵活的题材。在绘画中平行透视多用于室内表现，成角透视多用于室外绘画，可以表现两个画面效果，给予人的视野比较开阔，对建筑的表达也较为多面，建筑物的造型感很强，如：家居、专卖店、商场等商业空间。钢笔建筑风景速写如图 2-7 所示。

图 2-7　钢笔建筑风景速写

(三) 两点透视的三种状态

将立方体做 90° 旋转，画面总是一个平行一个垂直；两点透视立方体的两对竖立面，画面的角度变化无穷。对众多角度的两点透视，可归纳为微动、对等、一般三种状态。若能熟悉成角透视三种状态的透视特征，在构图中运用自如，就不难画出正确的透视形体。不同角度的两点透视如图 2-8 所示。

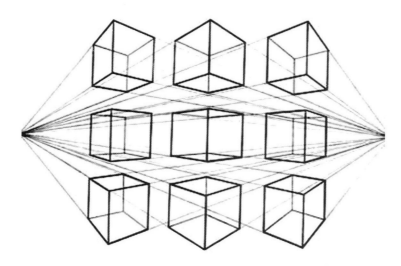

图 2-8　不同角度的两点透视

1. 微动状态两点透视

旋转刚启动或临近结束状态，同平行透视非常接近，成为微动状态。

在微动状态中，立方体的正面同画面接近平行，灭点在很远处，上下线接近水平，侧面同画面接近垂直，灭点离心点很近，上下边线陡斜。

2. 对等状态两点透视

旋转的中间站，称为对等状态。

在对等状态中，立方体两竖立面正侧相等，同画面都成 45°。两个灭点相距很近，离心点远近距离相等。

3. 一般状态两点透视

旋转在微动状态和对等状态之间，称为一般状态。

在一般状态中，较正的面的灭点在距点之外不远处，较侧的面的灭点在距点之间。

（四）两点透视在运用中的特点

（1）立方体的各个面都含有成角边，所以，两点透视中，所有的面都产生变形，如图 2-9 所示。

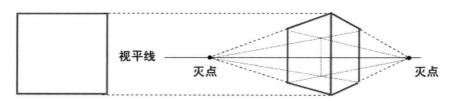

图 2-9　两点透视一

（2）两个灭点都在同一视平线上，视平线上的立方体成角边向下消失，视平线下的立方体成角边向上消失，如图 2-10 所示。

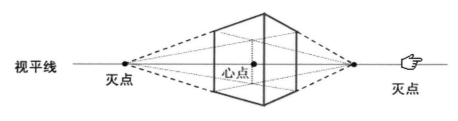

图 2-10　两点透视二

（3）同一视阈中，在视点、心点位置不变的情况下，由于立方体与画面所成的角度不同，两点透视的灭点在视平线上的位置会发生变化，如图 2-11 所示。

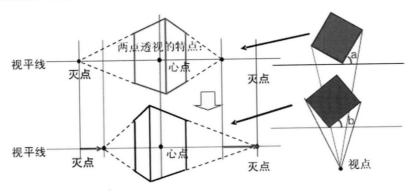

图 2-11 两点透视三

（4）两点透视中，正方体在一般情况下，与画面成角小的、比较正的显得宽，称为"主侧面"，而成角大的，比较侧的面显得窄，称为"次侧面"。但是当立方体在视域中偏居一侧时，也会出现相反的情况，如图 2-12 所示。

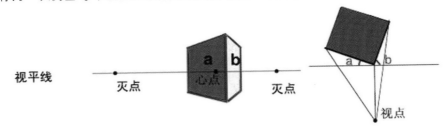

图 2-12 两点透视四

（5）立方体上下移动时，越接近视平线成角边之间的前后夹角越大，体积感越稳定，当立方体的顶面或底面与视平线等高时，盖面的前后夹角为平角贴于视平线上。相反，越远离视平线，它们之间的前后夹角就越小，体积感越不稳定。立方体前后纵深移动时，体积由大变小，越远越平缓，彼此出现形体差异，如图 2-13 所示。

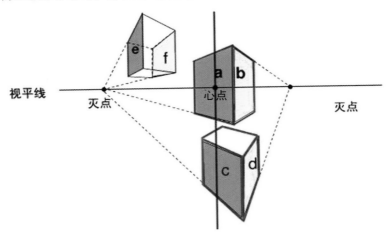

图 2-13 两点透视五

（五）两点透视的透视规律

（1）成角透视有两个消失点，分别在视平线的两端。

（2）消失线永远向消失点消失，只有近大远小的变化。

（3）垂直线永远垂直，只有近大远小的变化。

三、三点透视

（一）定义和基本特点

1. 定义

三点透视又称倾角透视（倾斜透视）：当视点通过画面观察物体远近成倾斜角度的边线，就是要产生倾斜透视变化，是指立方体的三条主向轮廓线均与画面成一个角度，这样三组线在画面上就形成了三个灭点。

（1）在两点透视的基础上，所有垂直于地平线的纵线的延伸线都聚集在一起，形成第三个灭点，这种透视关系就是三点透视。三点透视原理图如图2-14所示。

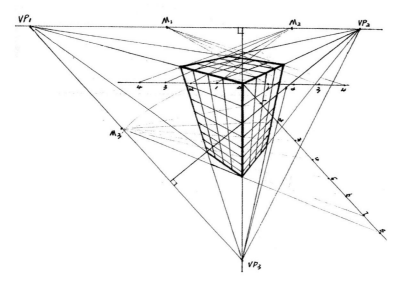

图2-14　三点透视原理图

（2）方形面与画面和地面既不平行，又不垂直，即对于画面和地面都成倾斜状态，这种状态的画面可简称为斜面，斜面的透视也就是倾斜透视。三点透视多用于高层建筑透视。

（3）倾斜透视可表现建筑物高大的纵深感觉，更具夸张性和戏剧性，但如果角度和距离选择不当，会产生失真变形，可用于表现高层建筑透视，也用于俯瞰图或仰视图，如图2-15至图2-17所示。

图2-15　手绘建筑效果图

图2-16　城市透视速写

图 2-17　俯瞰图

2. 特点

三点透视的一般特征如图 2-18 所示。

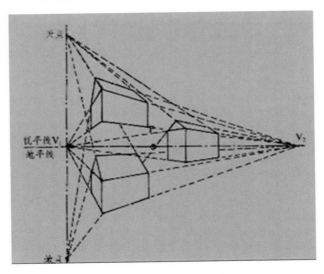

图 2-18　三点透视的一般特征

（1）在倾斜透视中，方形平面与基面和画面都不会平行，也都不会垂直。

（2）在倾斜透视中，视向是平视，方形物体的透视斜面，上斜其消失点是天点，下斜其消失点是地点。

（3）天点和地点离开斜面底际线的天点（主点或余点）的远近取决于斜边斜度的大小，斜度大则远，斜度小则近。

（4）对称的桥梁、屋顶、斜坡的斜面，无论在视平线位置高低、左右，只要斜角相等，它的天点和地点离视平线（地平线）距离相等。

（5）同一斜面内的变线的消失点在同一斜面天线上。

3. 三点透视构图画面特点

（1）与平视比较，物体的高度为变线。

（2）地平线与视心分离。地平线与视心间距越大，俯视的俯角或仰角就越大，物高消失点就越接近视心，俯视或仰视的程度就越大，如图2-19所示。

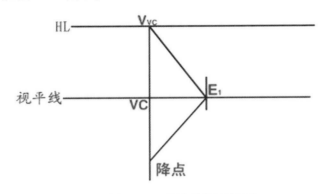

图2-19　俯视或仰视的程度

（3）从俯视的总体来看，画面适合表现比较大的空间群体，稳定感弱，动感强烈，纵线压缩感较明显，具有压抑感，如图2-20所示。

（4）从仰视的总体来看，画面适合表现较高的空间群体，动感强烈。仰视城市高楼如图2-21所示。

图2-20　俯视城市高楼

图2-21　仰视城市高楼

（二）倾斜透视的分类和运用

1. 分类

根据视线方向变化的规律，倾斜透视可分为三种类型：斜面透视、仰视透视和俯视透视。

（1）斜面透视的概念和特点

由物体倾斜面成的透视，称为斜面透视，也称平视的倾斜透视。

斜面透视的中视线与地面平行，视平线与地平线合二为一，但方形物的一个面与地面形成了一边高一边低的倾斜状态。其中，斜面近高远底的称下斜，近低远高的称上斜。斜面透视如图2-22所示。

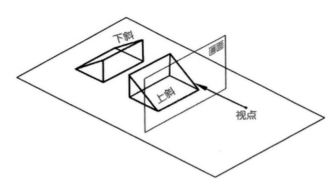

图 2-22　斜面透视

(2) 仰视透视的概念和分类

透视画面与方形物体呈竖向倾斜关系，且视心线向上倾斜即为仰视透视，包括平行仰视、成角仰视、垂直仰视。在仰视透视中，方形物与画面便形成了倾斜状态，如图 2-23 所示。

平行仰视是指方形物体竖立面改变平行透视视向，使透视画面对方形物体竖立面向上倾斜，且有一条水平边与画面平行的透视。

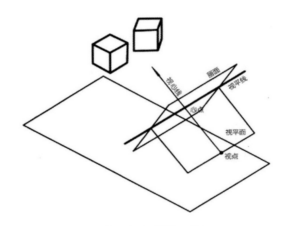

图 2-23　仰视透视

(3) 俯视透视的概念及特点

透视画面与方形物体呈竖向倾斜关系，且视心线向下倾斜即为俯视透视，包括平行俯视、成角俯视、垂直俯视。在俯视透视中，方形物体本身并没有倾斜，但由于观察时俯视造成视线与地面不平行，这时方形物与画面便成了倾斜状态，如图 2-24 所示。

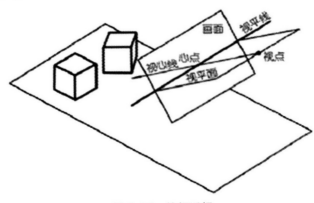

图 2-24　俯视透视

2.运用

（1）三点透视表现高层建筑，可以加强空间的纵深感，但三点透视在透视图中用得较少。为了使画面上的高层建筑不致因过高而变形，其竖向平行线仅凭感觉使其略向中间倾斜，以保持建筑物的稳定感，如图2-25所示。

图2-25　三点透视表现高层建筑

（2）生活中的物体，结构和形状非常丰富，若单从物体的某些块面而论，即可发现，既有与画面平行的，也有与画面成角的，还有与墙身和画面都倾斜的，因而出现在画中的物体或其局部，也往往既有平行透视、成角透视，又有倾斜透视，要想简单地把这些构图，划为一种什么透视，显然难以做到，但习惯中，仍以在一幅构图中起主要作用的某个物面为代表，通常多以画中物体的放置面（如桌面、台面）或人物的立足面（如地面、楼面及其他活动面）为依据，此类物面属什么透视，则称此构图为什么透视的构图。透视图如图2-26所示。

图2-26　透视图

（3）倾斜透视中的物面不再是水平的，人或物再也不能像平行、成角透视中那样，安然无恙地稳定在物面上，因而天然行成了一种滑动的态势。在倾斜透视中，向上斜或向下斜的变线，将人们的视线诱导出了沿视线平线左右运动的水平扫视轨迹之外，不是指向仰视的天空，就是指向俯视的地下，加上其底所灭向的心点或余点，线的集聚归宿就大大超出了平行或成角透视，除了"左顾右盼"，视感觉还得"上瞻下窥"，更多了一种负担，如图2-27所示。

图 2-27　倾斜透视

（4）在旧的透视中，曾将平行透视称为一点透视（因为只有一个灭点），而将倾斜透视称为三点透视（指其有三个灭点）。灭点类型越多，线所牵引的方向分歧越大，视觉受诱导的方向随之增加，也就进一步打破了稳定、宁静的视觉效果，适用表现体积较大的建筑，动感强烈，如室内、城市规划、小区规划等。

（5）严格遵重形象的视觉规律的写实主义画家，更是明确地利用倾斜的物体放置面来加强画面主题内容的表现。

第三节
构图时视点位置的选择

一、视点的相关知识点

视点、画面和物体是透视的三要素（见图2-28），一旦这三个要素被确定了，透视图的结果将被完全确定，它们对透视效果的影响至关重要。

（一）视点的定义

（1）视点（站点、视高）相当于人们观察物体时眼睛的位置，在透视图中视点由站点和视高确定，站点就是人站的位置，视高就是人眼睛到地面高度。

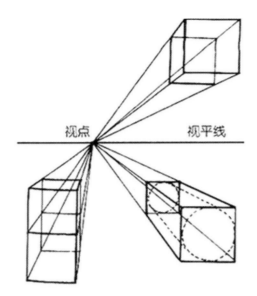

图 2-28　三要素

（2）当人保持头不动，用一个眼睛观察物体时，能看到的范围是一个椭圆锥，圆锥的顶角称为视角。视角的水平方向最大约为 130°，竖直方向最大约为 110°。清晰可见的视角约为 60°，最清晰部分约为 35°。

（二）确定站点位置应考虑的问题

（1）视角范围要适宜，一般取 35° 左右，画室内透视时可放宽到 60° 左右，最大不宜超过 90°。随着视角范围的由大变小时，建筑物体也会随之变得开阔、全面。

（2）要能看到建筑物的全貌，使绘出的透视图能充分反映出形体的轮廓特征。当不同的站点表现同一建筑物时，表现的建筑物不是全面的站点将会有很明显的缺陷。

（3）选站点时要考虑周围环境，站点应该在实际环境所允许的位置。例如：不要选在其他建筑物内或后面；不要选在山中或山后；不要选在水上；站点和要画的建筑物之间不要有遮挡物。

二、视高在构图中的选择

（一）视高对透视的影响

（1）对一点透视和两点透视来说，视高就是视平线与基线之间的距离（对三点透视来说，视平线与基线之间距离不等于视高），一般按正常人的身高来确定，但有时为了取得透视图的特殊效果，经常将视高适当提高或降低。

（2）视点高低的变动，即视平线高低的变动，所见景物的透视形和场面的大小也有所不同。

①视点低，前面的景物高大，挡住后面的景物，地面窄，天空辽阔。

②视点升高，前后景物拉开层次，所以场面稍大。

③视点再升高，近、中远景物拉开的距离就更大，层次更多，地面扩大，天空缩小。

（二）视点位置的选择与构图

代表视点主视方向的心点，理论上永远在视圈内画面的中心，这是不变的因素。但对于景物，视点可以从高、宽、深三个度上选择与构图，这是可变的因素。

1. 低视点高构图

低视点高构图能使观众产生敬仰的感觉，有时用来表现宏伟的建筑，如寺庙、宫殿或独立的建筑。由于高矮的对比，突出了所要表现的人物和主题。视点偏低时，视平线位置在景物下部，上半个视阈充实，景物比例加大，消失拉长，变化减缓，远近关系得到伸展，近高远低层次分明，表现充分，如图 2-29 所示。

图 2-29　低视点高构图

2. 一般视高构图

　　一般视高构图，使观众有身临其境的感觉，因而更能感受画中景物的环境气氛。当视点接近人的正常高度，位置偏中时，视平线位置适中，上下景物在画面上的比例相当，消失缓急均匀，给人一种稳定舒适感，构图时取景可偏中。一般视高构图如图 2-30 所示。

图 2-30　一般视高构图

3. 高视点高构图

高视点高构图能使观众产生俯瞰的感觉，在效果图中往往展现宽阔的大场面，表现道路铺装、植物种类和整体景观布置。视点偏高时，视平线位置在景物上部，上面景物比例变小，消失缩短，变化急剧。而下半个视阈充实，景物比例加大，消失拉长，变化减慢，近低远高节奏明显，地面深度得到伸展，表现充分，甚至最近部分景物脱出视阈。构图时取景框可下移，视平线偏上，使天空变窄。高视点高构图如图 2-31 所示。

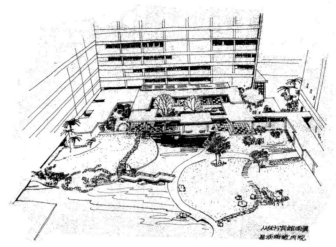

图 2-31 高视点高构图

第四节
空间透视的选择与运用

（1）空间透视定义也就是近大远小，近实远虚，近高远低。

（2）近大远小在空间透视中的应用如图 2-32 所示。图中人物、吊灯的透视的变化，让空间附有延伸感，这明显地让人感受到了整个空间的透视感。

图 2-32 近大远小在空间透视中的应用

(3) 近实远虚的选择在绘图时的应用，如图 2-33 中近处树木的刻画，与远处山体形成了对比，近实远虚的应用增强了空间层次，也使物体有了前后的比较。

(4) 近高远低的选择、应用，使物体变得有立体感，同样使整个画面富有透视效果，如图 2-33 所示。

图 2-33　树木的刻画

第三章

手绘的表现与应用

SHOUHUI DE BIAOXIAN YU YINGYONG

第一节
线条的表现与应用

　　线条本身即是一种形式，又是一种"语言"，因为它有其自身的形象特征，并相对独立。线条在表达客观对象时，不仅作为轮廓的边形线，是对表面效果的模仿，而且是一种情感语言的表达。线条是受画家情感驱使并成为其任意驾驭、任意拨动的情丝，体现了画家对生活体验的深度。

一、线条的种类与特点

（1）使用硬笔画线条时，移动要自如，状态要轻松，不同的用笔方法能产生不同的视觉效果。
用笔速度适中，力量均匀，则线条平稳、流畅、圆厚，如图3-1所示。

图3-1　线条一

用笔速度快，力量均匀，则线条光滑、流畅，如图3-2所示。

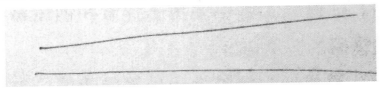

图3-2　线条二

用笔速度慢而有力，则线条厚重、坚实，如图3-3所示。

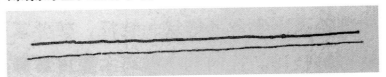

图3-3　线条三

用笔速度力量有变化，则线条转折顿挫有力，线条丰富有变化，如图3-4所示。

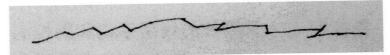

图3-4　线条四

用复笔，则线条富有变化和趣味，如图3-5所示。

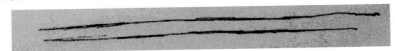

图3-5　线条五

（2）按照线条的特点可以将其进行分类。

紧线——快速均匀。

缓线——缓慢随意。

颤线——轻松舒缓。

随意的线——波线、圈线、不规则的线。

（3）不同的线条组织方法能表现不同的块面视觉效果。线的密集排列、重叠等可以组成不同的块面。手绘表现依据物象的形体特征和表现方法的需要来创作。

竖线与横线交叉组成块面、具有静止、稳定的感觉，如图3-6所示。

图3-6　线条六

斜线重叠、斜线交叉组成的块面有动感，如图3-7所示。

图3-7　线条七

竖线重叠，横线重叠，有整齐一致的感觉，如图3-8所示。

图3-8　线条八

曲线重叠、交叉有凸凹起伏、活跃的动感，如图3-9所示。

图3-9　线条九

二、线条的表现及应用

1. 线条的功能

（1）好的线描稿是成功完成手绘效果图的前提和基础，线条的好坏决定了画面的整体结构和主体形象的优势。

（2）线条可以通过对主体、次主体和背景等细部的刻画，表现不同的质感、量感和空间感。

（3）线条在营造一件作品的旋律、节奏和意境方面，起着非常重要的作用。能准确运用线条来表达事物的结构特征，是设计师需要掌握的重要技能。线条的运用一定要有利于主题的表达，要与需要表现的内容紧密关联，不能脱离内容单纯追求线条效果。

2. 线条的表现及应用

（1）线条的基础表现方法：按线描的一般规律（以线为主体的观察方式理解线的构成，以及面与线构成框的表现），我们发现色素较重的线与较宽的线容易凸显在前，完整度较好的线也挤在了前边，而有间断的线、色素较淡的线、较窄的线往往被挤在后头。因此在线的运行中，能够很好地把握"线质"的变化，恰是利用手绘表现技法营造空间的最为便捷的手段。

①运用固体的"线"描绘——能够表现出线的"急、缓、轻、重"。

②运用液态的"线"描绘——更适合体现速度变换中的线，如快行中线的滑爽感，慢行中线的柔韧与力量等。

（2）线的个性表现方法：当应用冥想的方式将视点从线的本体上移开，游离在思想的"领空"中时，你会恍然发现线的运作与人的思维结构以及情绪变动有着很大的关联。因此还可以从线型中推导出更多的内涵，只要将情绪投射在线型变化的表达之中，线条即发生了与情感的互动。

建筑中关于线型的描述，通常表现为多种线型的自由组合。比如对人物、植物的描述以及室内外陈设等的表现，会使用带有动感的线表现生命与可动性。而对于具有固定结构特征的建筑框架线的描绘，应选择静态的线型。

由于不同工具表达的特殊性，随之也出现了许多与工具个性相符的"线型"。

（3）线的综合性表现方法如下。

①视人为第一性的——服从于人物情绪变化与表达的运线，即对个人情感互动中"线"的表现的理解与表达。直觉告诉人们，人的情感伴随着生命的整体历程，因此，设计中表达的"线"同样也不可避免地包含着情感。

②视物为第一性的——顺从表现形态需求的运线（软质／硬质），研究和表现材质个性相似"线"的表达方式。对硬材料的表现，我们会选择直而挺拔的线型，用快捷的方式表现；对软质（毛面）材质的表现，会选用曲直变换或断续变化的线型加以处理；对中性材质的表现，则采用刚柔相济的表现形式予以定位。

③视工具为第一性的——结合工具与纸质特性的运线，以工具材料为第一性表达的线型。单项工具的表达是循着工具特性、操作便捷等路径加以综合（工具和纸的特性研究）训练的，从而在限制中也能进一步激发设计者的智慧，定义出于与之相匹配的方法和形态，完成设计表现过程。

第二节
用线条表现明暗与材质

一、线条的明暗表现

线条的明暗表现如图 3-10 所示。

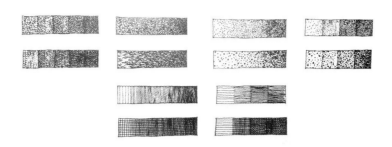

图 3-10　线条的明暗表现

明暗是一对对立因素，除表达光影现象之外，另一方面是色度本身，运用色度（黑、白、灰）因素手绘表现，其特点是由黑、白关系构成，画出的为图，空处为地，图与地的作用使形象显现出来，利用光照的光影效果造型，简要地表现暗部与亮部的变化节奏，画特定环境下的物象，有特殊的表现力。

二、线条的材质表现

线条的材质表现如图 3-11 所示。

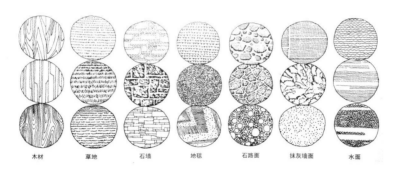

木材　　草地　　石墙　　地毯　　石路面　　抹灰墙面　　水面

图 3-11　线条的材质表现

在画写实素描时，都要将物象的形态及质感通过虚实、颜色等因素表现出来，如质地坚硬的物体，一般用钢线、实线来表现，质地较软的物象，一般用柔线、虚线来表现。

第三节
单体线稿的表现方法

一、以线为主的表现方法

（1）"线"的使用最为广泛，是主要的造型手段，具有最有利的表现形式。"线"在造型中有长与短、粗与细、刚与柔、虚与实、疏与密、激与滞、浓与淡等多重对立统一的特征，因此增强了艺术塑造物体形象在表达上的韵律和节奏感，如图 3-12 至图 3-14 所示。

（2）需要注意以下三点。

① 线造型时的质感表现。

② 线是传达情感的最佳形式之一。

③ 要学会组织用线。

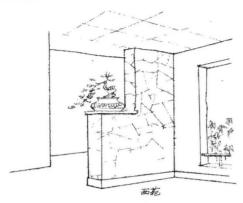

图 3-12　用线表现出的质感

图 3-13　不同方式的线组合

图 3-14　线的粗细组合

二、以明暗为主的表现方法

（1）一般适宜于表现阳光照射下的物象的形体结构，用明暗为主的手绘表现来表示形体结构、空间距离、质感、层次等，这在视觉上都是比较直观的。要正确表现物象的明暗关系，以求得画面完整统一的效果。

（2）一方面按自然光线下的明暗规律进行处理，另一方面还可以根据结构变化的需要变换明暗关系，这样可以带有很强的表现意味。

以明暗为主的表现如图 3-15 所示。

图 3-15　以明暗为主的表现

三、线条与明暗相结合的表现方法

这种建筑景观设计手绘表现是在线的基础上施以简单的明暗块面，以使形体表现得更为充分。它是综合了以上两种表现形式的优点，又补其不足而采用的一种方法。这种形式是在线的表现基础上稍加简单处理的明暗调子，可以使画面表现得更充分且富有变化，是常用方法。线条与明暗的结合如图 3-16 所示。

图 3-16　线条与明暗的结合

第四节

色彩的表现与应用

物象所造成的色彩现象是不以人的意志为转移的。这种客观存在作用于人的视觉之后才造成人的色彩感觉。波长不同，对视觉的刺激程度也就不同，从而使大脑分辨出不同的色彩。长期以来，由于人们对色彩的认识和应用，使色彩在人的生理和心理方面产生出不同的反应。

一、暖色系的应用

暖色系的色彩中，波长较长，可见度高，色彩感觉比较跳跃，是一般园林设计中比较常用的色彩。暖色系主要指红、黄、橙三色以及这三色的邻近色。红、黄、橙色在人们心目中象征着热烈、欢快等，在设计中多用于一些庆典场面。暖色系的应用如图 3-17 所示。

图 3-17 暖色系的应用

二、冷色系的应用

冷色的色彩中主要是指青、蓝及其邻近的色彩。由于冷色光波长较短，可见度低，在视觉上有退远的感觉。对一些空间较小的环境边缘，可采用冷色或倾向于冷色的植物，能增加空间的深远感。在面积上冷色有收缩感，同等面积的色块，在视觉上冷色比暖色面积感觉要小，在园林设计中，要使冷色与暖色获得面积等大的感觉，就必须使冷色面积略大于暖色。冷色能给人以宁静感和庄严感。冷色系的应用如图 3-18 所示。

图 3-18 冷色系的应用

三、对比色的应用

这里讲的对比色主要是指补色的对比，因为补色对比从色相等方面差别很大，对比效果强烈、醒目。补色在色轮表中处在相互正对的角度，如红与绿、黄与紫、橙与蓝等。对比色适宜于广场、游园、主要入口和重大的节日场面，利用对比色组成各种图案和花坛、花柱、主体造型等，能显示出强烈的视觉效果，给人以欢快、热烈的气氛。对比色的应用如图 3-19 所示。

图 3-19　对比色的应用

四、同类色的应用

同类色指的是色相差距不大，比较接近的色彩。在色轮表中指的是各色的邻近色，如：红色与橙色、橙色与黄色、黄色与绿色等。同类色包括同一色相内深浅程度不同的色彩，如：深红与粉红、深绿与浅绿等。这种色彩组合在色相、明度、纯度上都比较接近，因此容易取得协调，在植物组合中，能体现其层次感和空间感，在心理上能产生柔和、宁静的高雅感觉。同类色的应用如图 3-20 所示。

图 3-20　同类色的应用

五、金银色及黑白色的应用

金银色、黑白色多应用在建筑环境、园林小品、城市雕塑、护栏、围墙等方面。

从色性上讲，金色为暖色、银色为冷色。在传统园林中，金银色一般作为建筑彩绘中一种装饰色彩，其他环境中使用较少。在现代园林环境设计中应用比较普通，而且多采用的是现代工业材料，如铜、不锈钢、钛合金和其他一些合金材料等。在设计上，选用什么样的色彩，主要取决于小品、雕塑本身的内容和形式，还有一个客观因素，即小品、雕塑本身所处的周围环境色彩与质感，既要协调，又要有一定的对比关系。一般来说，在现代感较强的环境中设置小品、雕塑，多采用银色，使用不锈钢等合金材料。形式以抽象性为主的雕塑也宜选用不锈钢等银白色材料。

黑色、白色在色彩中称为极色，在传统园林中多在南方的园林建筑和民用建筑方面应用。

第五节
单体彩稿的表现方法

一、钢笔淡彩

钢笔淡彩是在钢笔表现基础上进行简单上色的效果图表现方式，给人以操作简单方便、画面轻松明快、效果直接强烈的视觉感受。钢笔淡彩画如图 3-21 所示。

图 3-21　钢笔淡彩画

二、铅（炭）笔淡彩

铅（炭）笔淡彩就是一种在铅（炭）笔草图基础上进行简单上色的效果图表现方式，具有操作简单方便、画面生动感人、视觉表达明确的感受。铅笔淡彩画如图 3-22 所示。

图 3-22　铅笔淡彩画

三、马克笔

马克笔是手绘效果图最常用的一种表现工具，它具有色彩亮丽、透明度好、着色方便等特点，效果强烈。马克笔淡彩如图 3-23 所示。

图 3-23　马克笔淡彩

四、水彩渲染

以均匀的运笔表现均匀的着色是水彩渲染的基本特征，无论是"平涂"还是"退晕"，所画出的色彩都均匀无笔触，加上水彩颜料是透明色，使得这种方法特别适合用在设计中，表现出严谨、准确和程式化的效果。水彩渲染如图 3-24 所示。

图 3-24　水彩渲染

五、水墨渲染

水墨渲染和水彩渲染表现方法类似，只是在渲染时采用水墨或单色颜料为绘画原料，表现的是建筑物的素描效果。水墨渲染如图 3-25 所示。

图 3-25 水墨渲染

六、水彩墨线

画面上一切形体以墨线为主，这种表现方法是中国传统绘画最基本的风格特点，在墨线上附着没有笔触、均匀而透明的色彩，各种精确的墨线依然清晰可见，墨线与色彩相互衬托，有相得益彰的效果。水彩墨线如图3-26所示。

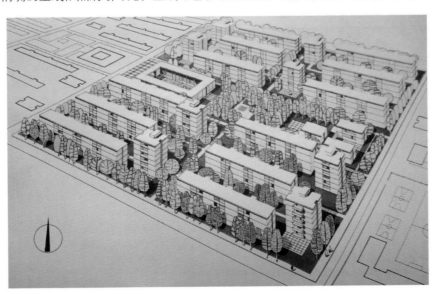

图 3-26 水彩墨线

七、水粉

水粉画颜料有一定的覆盖能力，色彩纯度较高，色彩效果浑厚、柔润、鲜明、艳丽，作画工具比较简便。其干画法中丰富的笔触效果和厚堆的肌理效果是水彩渲染画所不能及的。水粉如图3-27所示。

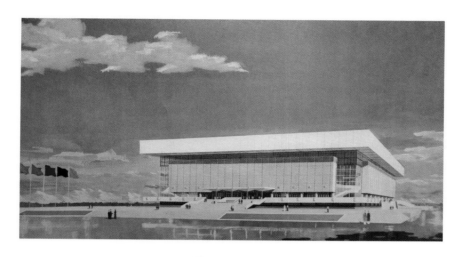

图 3-27　水粉

第六节
效果图上色步骤和技法特点

一、用马克笔表现植物

（1）用 0.2 mm 针管笔绘制树干轮廓线，如图 3-28 所示。

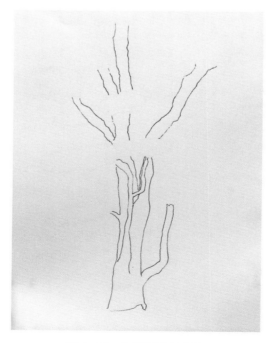

图 3-28　绘制树干轮廓线

（2）用 0.1 mm 针管笔绘制一组一组的树冠轮廓线，如图 3-29 所示。

图 3-29　绘制一组一组的树冠轮廓线

（3）用 0.2 mm 的针管笔绘制树干的纹理线条，并将一组一组的树冠明暗用简单的线条区分，如图 3-30 所示。

图 3-30　绘制树干的纹理线条并区分

(4) 按照明暗关系先用浅绿色在树冠受光处上色，适当留白，会使画面显得更加放松。树冠处理如图 3-31 所示。

图 3-31　树冠处理

(5) 用过渡色为阴影区域与树干上色，如图 3-32 所示。

图 3-32　上色

（6）用深色与过渡色将明暗交界线处的树干刻画细致，如图 3-33 所示。

图 3-33　树干刻画

二、用彩铅和马克笔表现植物

（1）勾勒树枝和树叶的外轮廓，如图 3-34 所示。

图 3-34　勾勒外轮廓

（2）做细节处理，用针管笔描绘树叶层次和树干纹理，如图3-35所示。

图3-35 细节处理

（3）用棕色系彩铅绘制树干，亮部留白，使用黑色系彩铅加深暗部，绿色系彩铅绘制树根周围的草，如图3-36所示。

图3-36 绘制树干和草

（4）用 CG1/CG2 号马克笔画石头的亮面，用 WG5/WG7 号马克笔画石头的背光面，如图 3-37 所示。

图 3-37　画石头

（5）用 174 号马克笔绘制亮部的树叶，如图 3-38 所示。

图 3-38　绘制亮部的树叶

（6）用 56 号马克笔表现层次，如图 3-39 所示。

图 3-39　表现层次

（7）用 54/51 号马克笔绘制树叶的暗部，用 43 号马克笔过渡树叶的明暗部，如图 3-40 所示。

图 3-40　树叶处理

（8）用 143 号马克笔绘制树叶的阴影部分，整体做最后调整，完成效果图，如图 3-41 所示。

图 3-41　效果图

三、用彩铅表现人物

（1）用 0.2 mm 针管笔将人物大体轮廓勾勒出来，如图 3-42 所示。

图 3-42　勾勒轮廓

（2）用 0.2 mm 针管笔简单表现衣纹明暗，如图 3-43 所示。

图 3-43　表现衣纹明暗

（3）用 0.2 mm 针管笔准确表现人物结构，将明暗交界线刻画细致，完善线稿，如图 3-44 所示。

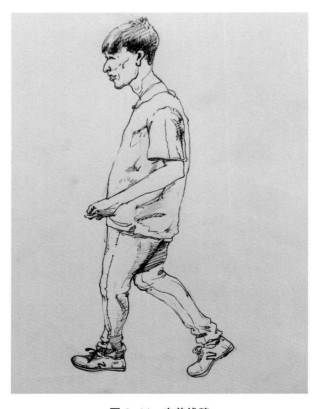

图 3-44　完善线稿

（4）完成线稿后可以用彩铅上色了（见图3-45），先用淡淡的肉色给人体皮肤亮处上色，用浅蓝色在裤子亮部平铺。

图 3-45　用彩铅上色

（5）简单地刻画一下头发，将皮肤暗部与裤子暗部上色，如图3-46所示。

图 3-46　头发、皮肤与裤子处理

（6）刻画鞋子与脚下的阴影（见图3-47），让整个人物更有厚重感。

图 3-47　刻画鞋子与脚下的阴影

（7）将头发进一步刻画完整，给衣服着色，将整个人物明暗交界处刻画细致，暗部画通透，使得整个人物更有体积感与空间感，调整整个画面，如图3-48所示。

图 3-48　调整整个画面

四、用彩铅表现汽车

（1）勾勒汽车的外轮廓，如图3-49所示。

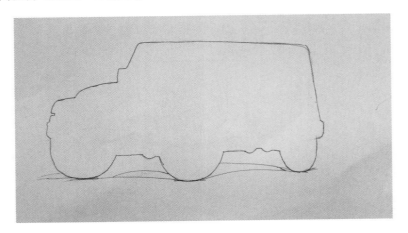

图3-49　勾勒汽车的外轮廓

（2）画出汽车的各个零件大概方位，如图3-50所示。

图3-50　画出汽车的各个零件的大概方位

（3）将汽车的各个部件详细地画出来，并表现投影，如图3-51所示。

图3-51　详细画出各个部件并表现投影

（4）给汽车上色，找出汽车的主体色，并找出颜色的明暗变化，如图 3-52 所示。

图 3-52　汽车上色

（5）添加深颜色，刻画局部，加深暗部色彩，加强明暗关系的对比，最后统一画面，如图 3-53 所示。

图 3-53　统一画面

五、用马克笔表现汽车

（1）勾勒汽车的外形，注意比例透视，如图 3-54 所示。

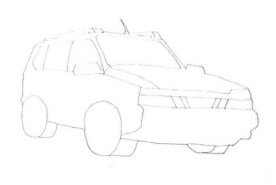

图 3-54　勾勒汽车的外形

（2）深入刻画，画出大体的结构，如图 3-55 所示。

图 3-55 画出大体的结构

（3）深入刻画汽车细节，如标志、门锁等，勾出投影形状，如图 3-56 所示。

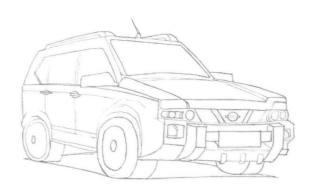

图 3-56 刻画细节

（4）调整黑白灰的关系，突出视觉中心，让汽车具有更强的空间感，如图 3-57 所示。

图 3-57 让汽车具有更强的空间感

（5）上颜色，整体铺出大色块，注意用笔的流畅性，且方向要一致，如图 3-58 所示。

图 3-58 上颜色

（6）分出明暗面，保持整体和谐，如图 3-59 所示。

图 3-59 分出明暗面，保持整体和谐

（7）沿着汽车结构画出明暗关系，玻璃留白，保持通透性。汽车表现如图 3-60 所示。

图 3-60 汽车表现

(8) 调整大关系，画好灯和后视镜，轮胎加深，保持它的固有色，如图 3-61 所示。

图 3-61　调整大关系

六、用马克笔表现室外建筑

(1) 以铅笔起草图，用针管笔或钢笔勾勒，注意物体层次和主次，注意细节刻画，如图 3-62 所示。

图 3-62　起草图

(2) 以灰色马克笔为主，用浅色马克笔从远处，或者从中心开始，确定物体的大概明暗关系，如图 3-63 所示。

图 3-63　确定物体的大概明暗关系

（3）按照物体的固有色给物体上色，确定建筑物的基本色调，如图 3-64 所示。

图 3-64　确定建筑物的基本色调

（4）给背景的植物和前景的草地上色，如图 3-65 所示。

图 3-65　上色

（5）逐步添加颜料，刻画局部，加深暗部色彩，加强明暗关系的对比，最后统一画面，如图 3-66 所示。

图 3-66　统一画面

七、马克笔和彩色铅笔技法特点

1. 彩色铅笔画技法

彩色铅笔使用方便，使用技法易于掌握，较有把握控制画面的整体效果，绘制速度快、空间关系表现丰富、色彩细腻。

彩色铅笔最大特点就是在上色以后，可以在原有彩色的画面上进行叠加、覆盖，再深入刻画，直至满意为止。所以，着色时尽可大胆尝试，色彩宜明朗，色度也可适当夸张，稍显艳丽也无妨。但是一定要注意画面的对比度，画面中一定要有深颜色。否则很容易使画面变灰。

2. 马克笔画技法

马克笔有油性的和水性的两种，具有品种齐全、着色简便、笔触叠加后色彩变化丰富等特点。马克笔在使用时用笔比较奔放、随意，画面效果十分洒脱，有色彩明度，可以形成较大反差，有对比明快的效果。

马克笔常用于干画法作业，故掌握起来比较方便，是一种较好的快速表现工具。需要注意的是马克笔笔触问题。表现光影时，需要均匀地排列笔触，否则，不仅容易散，而且容易乱。涂上各自的颜色后，最好少用纯度较高的颜色，而用各种复色形成高级灰调子，完成全幅图面上的着色。

第四章

建筑配景
JIANZHU PEIJING

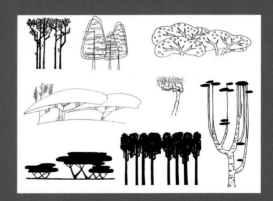

　　建筑作为速写的主题，与其他环境景物共存于特定的空间之中，建筑环境有优美的自然环境，也有人工巧妙设计的园林环境等。山、水、树木与建筑共同呈现为静止的景观，人、车、船等是建筑环境的流动景观，建筑与环境成为不可分割的有机整体。在建筑速写中，环境景物是作为建筑配景的，处理好建筑与环境的关系，不仅能使环境起到烘托建筑主体的作用，而且对建筑师表现建筑与环境的空间概念也能起到积极的作用。

一、树木

（一）树木的功能及组成

　　（1）树木是建筑风景速写的主要配景，画好树木能起到烘托主体，丰富画面层次，活跃画面气氛的作用。

　　（2）树的基本结构由树根、树干、树枝、树叶四个部分组成，干、枝、叶是主要描绘的对象。干有主干和枝干，为圆柱结构。枝的结构复杂，但其规律主要是"树分四枝"，即枝干围绕主干前后、左右生长，有立体感。主干与枝干分叉处是结构的关键，要认真把握，画树干轮廓、线条要有离、有进、有出、有连，才能画出树干的结构和姿态。

（二）树木的种类及画法

　　（1）叶有针叶、阔叶等，可以根据它们不同的特征和表现方法的需要，使用双勾叶和点叶的画法来表现。勾叶和点叶的形状在同种树上要统一使用，既要强调特征，又要语言统一。树木如图4-1和图4-2所示。

　　（2）使用明暗、黑白块面的方法表现树叶，也可运用黑、白、灰三大块面树叶，如图4-3所示。

图 4-1　树木一

图 4-3　树木三

图 4-2　树木二

（3）随着四季的变化，树的形态也随着发生变化，如夏树叶茂，冬枝挺拔，春枝优美，秋叶疏朗，要善于观察不同季节树的形态变化。树木如图4-4所示。

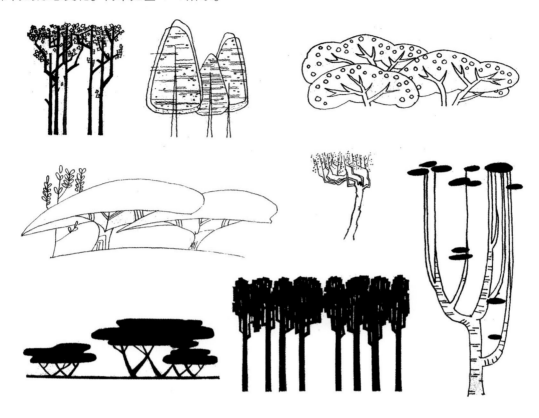

图4-4　树木四

（4）一般画树时，要抓干叶的外形特征和美感，干叶呼应，使树木有生机和气势。几棵树组合要分出前后层次，在同一层次的树，点、线、面的运用倾向统一。树木处于近景时，要把握枝干结构形态特征，树木处于远景时，要抓住主要形态，对细节结构要概括。在建筑速写中，树要简洁、概括地起到配景的作用。树木如图4-5至图4-7所示。

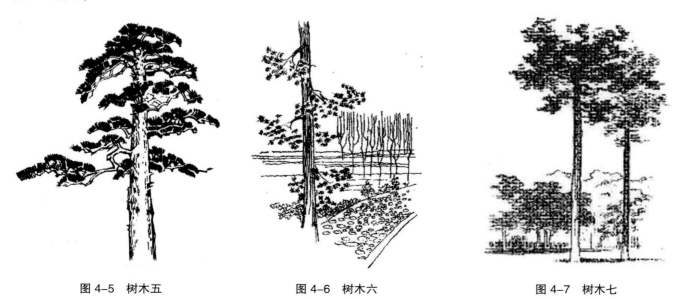

图4-5　树木五　　　　　　图4-6　树木六　　　　　　图4-7　树木七

二、人物

1.简笔人物

人物在建筑速写中是配景的主要内容，在建筑速写中对人物的刻画，要简练概括，抓其外形大的特征及动势，省略细节的描绘，人物动势能反映出人物的形态和特征，把握动势的形态，人物重心是关键，人物重心是人体支撑的中心，重心在人体支撑面以内时人物有稳定感，当重心超出支撑面时，人物就会失去平衡。有时为了衬托建筑物的比例、增强画面的生活气息，起到烘托建筑主体的作用，画面中恰当地点缀简笔人物，能增添画面层次和气氛。各种动态的人物形象如图4-8所示。

图 4-8 各种动态的人物形象

2.人物在建筑中的透视

人物在配景中和其他形体一样，第一感受是近大远小，平视时地平线与视平线重合，画面上视平线可作为地面人物透视关系的基准，地面上高于视点的人物，一定要高于视平线，低于视点的人物，一定要低于视平线。人物表现如图4-9所示。

图 4-9 人物表现

三、交通工具

在建筑设计表现画中，交通工具可以直观地展示建筑设计，增强建筑设计表现的气氛，如在高楼大厦的设计环境中，画上轿车可展示大厦的高耸等。画交通工具重点要把握好基本特征结构，以及透视变化。线条和黑白块面的运用要果断简明，干净利落，不能拖泥带水。在一建筑为主体的速写中，交通工具的刻画要简练概括，不能喧宾夺主，要注意交通工具与建筑的比例关系，透视变化要与建筑协调一致，统一在整体环境之中。高楼前的轿车如图4-10所示。

图 4-10　高楼前的轿车

第五章

作品欣赏

ZUOPIN XINGSHANG

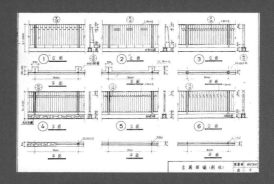

一、植被

（一）树——乔木

乔木如图 5-1 至图 5-3 所示。

图 5-1　乔木一

图 5-2　乔木二

图 5-3　乔木三

用随意的曲线勾勒出植物的主要外轮廓，表现出来的是一片春意盎然的茂密之景，不烦琐且形象生动。

乔木如图 5-4 所示。

图 5-4　乔木四

运用硬朗的线条将树干的机理表现得淋漓尽致，刻画出来的画面效果强烈，并且将树木主干的质感表现得十分生动，富有生命力。绘画时笔触要肯定有力。

乔木如图 5-5 所示。

图 5-5　乔木五

用线条的粗细描绘整个画面，既凸显了主体物的特征，又丰富了画面，将"近实远虚"的场景把握到位。主体物外轮廓应用较粗较实的线条表现，次要物体及远景则反之。

乔木如图 5-6 和图 5-7 所示。

图 5-6　乔木六　　　　　　　　　　　　　　　图 5-7　乔木七

在图 5-6 与图 5-7 中，前者用了块面来表现树叶阴影，而后者用了比较细致的笔触刻画阴影效果。
乔木表现如图 5-8 至图 5-13 所示。

图 5-8　乔木表现一

图 5-9　乔木表现二

图 5-10　落叶阔叶林的表现

图 5-11　松树和柳树的表现

图 5-12　针叶林树木的表现

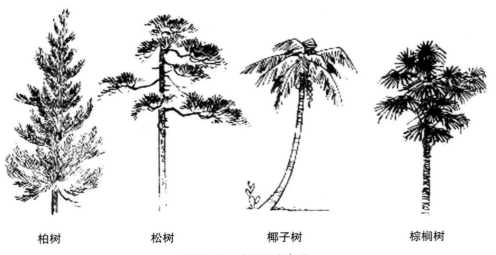

柏树　　　　　　松树　　　　　　椰子树　　　　　　棕榈树

图 5-13　常见乔木表现

（二）树——灌木

灌木表现如图 5-14 至图 5-16 所示。

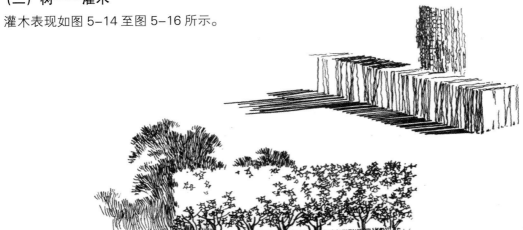

图 5-14　常见灌木一

图 5-15　常见灌木二

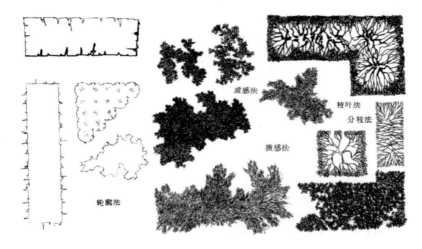

图 5-16　灌木和地被植物的画法

（三）乔灌木平面

乔灌木平面如图 5-17 至图 5-19 所示。

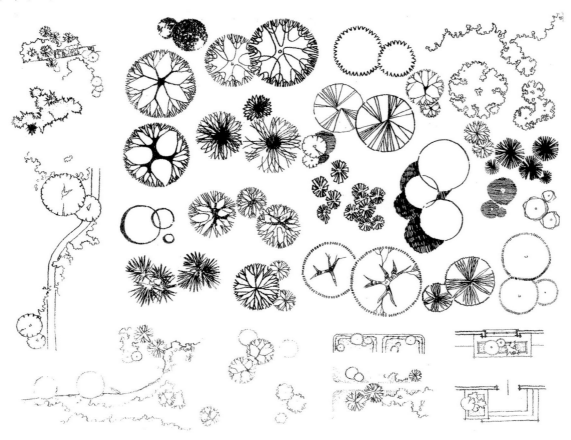

图 5-17　灌木和地被植物的平面画法一

图 5-18　灌木和地被植物的平面画法二

图 5-19　灌木平立面

（四）装饰性树木

装饰性树木如图 5-20 至图 5-24 所示。

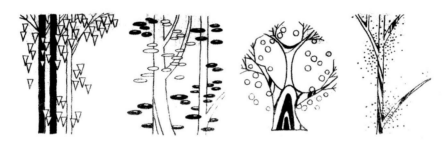

图 5-20　勾叶与点笔

图 5-21　大面积黑白对比

图 5-22　黑白对比与局部刻画

 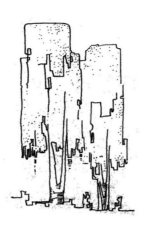 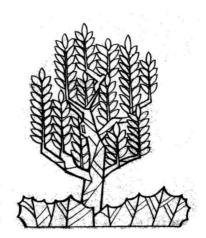

图 5-23　单一的线条描绘

图 5-24　线条的组合

（五）远景

远景如图 5-25 和图 5-26 所示。

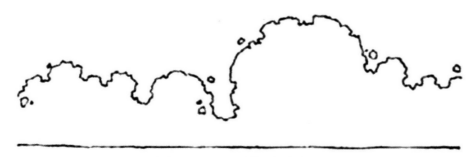

图 5-25　用线条描绘大致轮廓

图 5-26　排列的形式勾勒外形

（六）草地

草地如图 5-27 所示。

图 5-27　草地一

以草的不同成长方向，勾画出近景中的花草，远景中的草地用排列的笔画一一展开。
用同样的图案构成整片草地如图 5-28 所示。

图 5-28　草地二

（七）水石

水石表现如图 5-29 至图 5-31 所示。

图 5-29　立面石块的画法

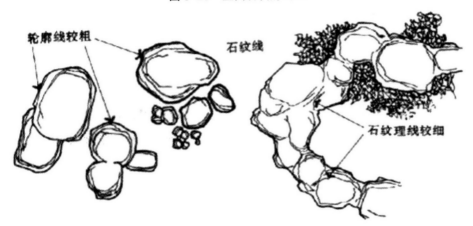

图 5-30　平面石块的画法

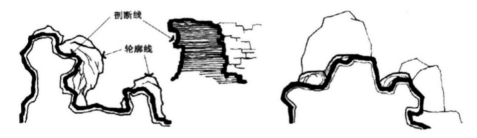

图 5-31　剖面石块的画法

二、人物

人物如图 5-32 所示。

图 5-32　人物

三、车

(一) 小车系列

小车表现如图 5-33 和图 5-34 所示。

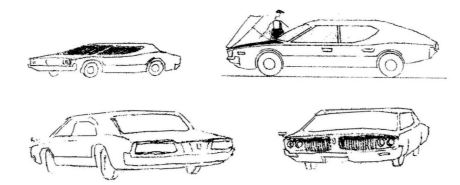

图 5-33 单线构成的画法

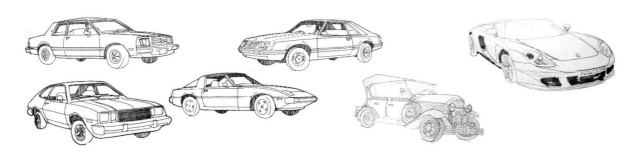

图 5-34 单线加上局部刻画

(二) 大车、公交车

大车、公交车表现如图 5-35 所示。

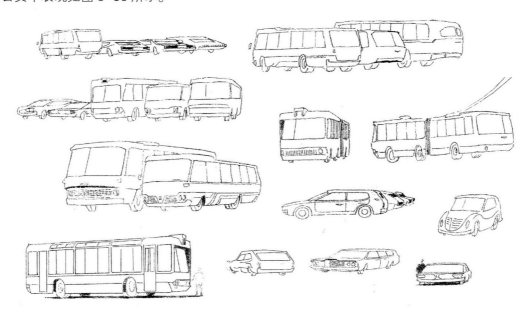

图 5-35 大车、公交车

(三) 货车

货车表现如图 5-36 所示。

图 5-36 各种货车的速写欣赏

四、门窗

(一) 中国园林中的门洞和窗洞

门洞和窗洞表现如图 5-37 所示。

图 5-37 各式门洞、窗洞的速写欣赏

1. 门洞

各式门洞如图 5-38 所示。

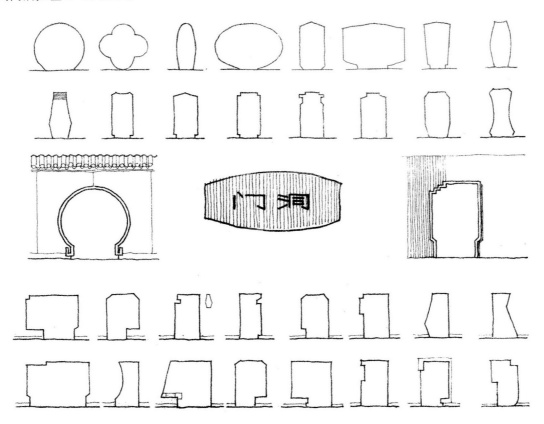

图 5-38 各式门洞的简单外形

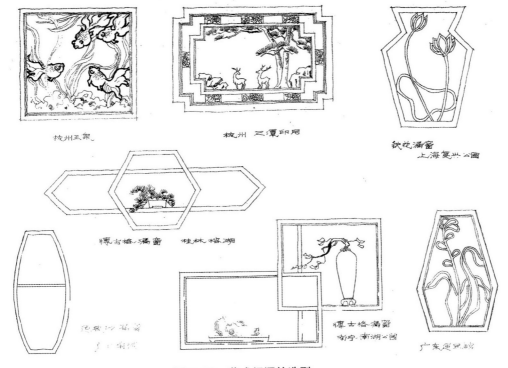

图 5-39 花式门洞的造型

2. 窗洞

窗洞如图 5-40 所示。

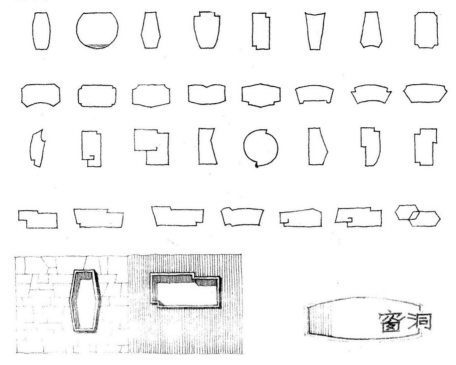

图 5-40　各式窗洞的简单外形

3. 门窗套

门窗套画法如图 5-41 所示。

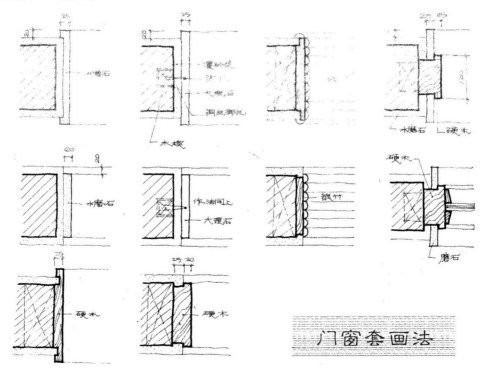

图 5-41　门窗套画法

（二）大门的表现

大门的表现如图5-42至图5-46所示。

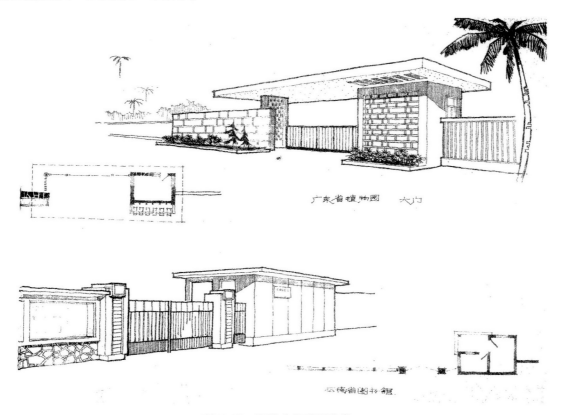

图5-42 现代大门速写欣赏

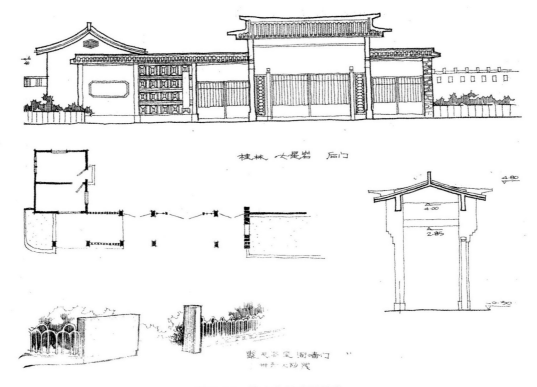

图5-43 仿古大门速写欣赏一

图 5-44　仿古大门速写欣赏二

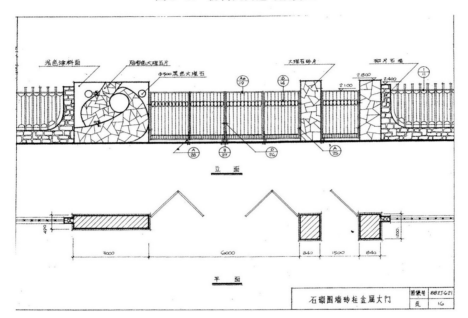

图 5-45　金属大门速写欣赏

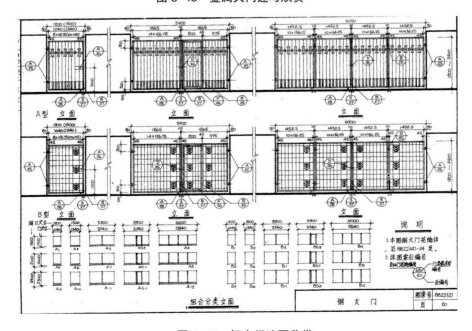

图 5-46　钢大门速写欣赏

五、墙体

（一）墙面

墙面表现如图 5-47 至图 5-49 所示。

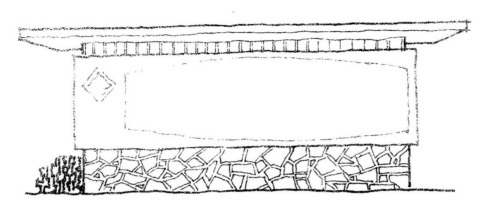

图 5-47　墙面速写欣赏一

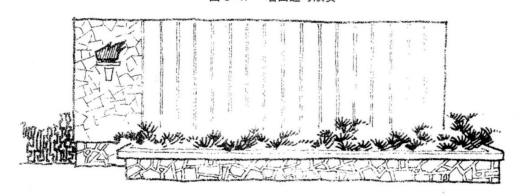

图 5-48　墙面速写欣赏二

 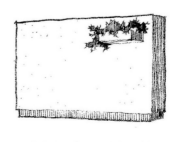

图 5-49　墙面速写欣赏三

（二）围墙

围墙如图 5-50 和图 5-51 所示。

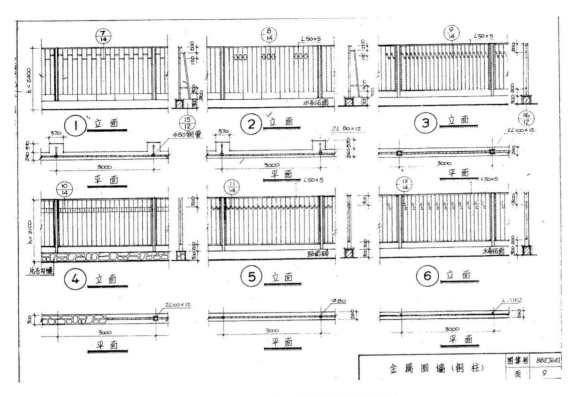

图 5-50　金属围墙(钢柱)速写欣赏

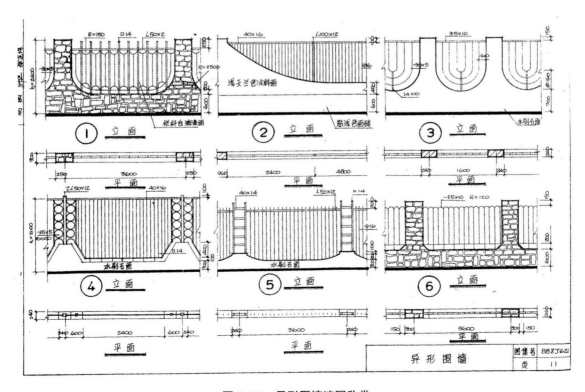

图 5-51　异形围墙速写欣赏

（三）墙脚

墙脚如图 5-52 所示。

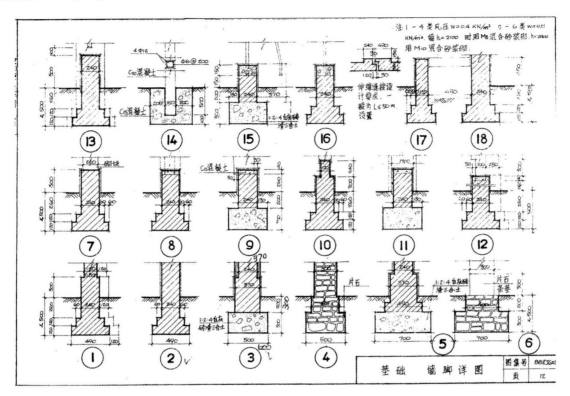

图 5-52　各种样式的墙脚

六、建筑物

（一）亭廊

1. 亭

亭如图 5-53 至图 5-57 所示。

图 5-53　中式亭榭速写欣赏一

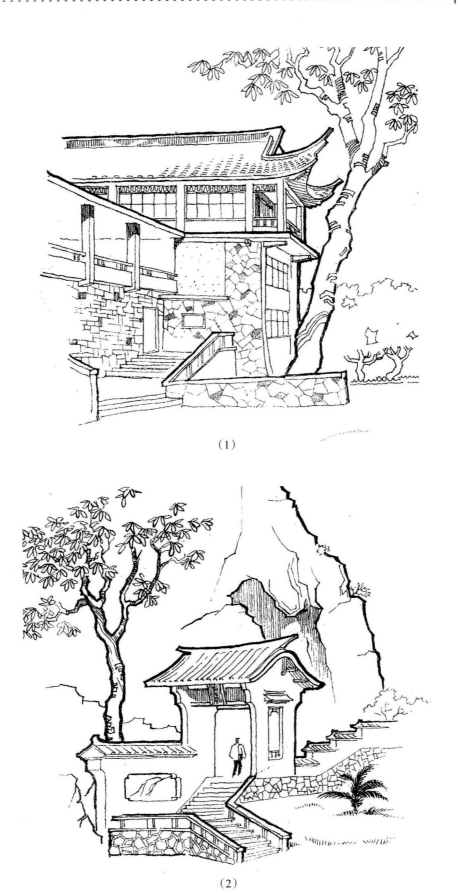

（1）

（2）

图 5-54　中式亭榭速写欣赏二

（1）

（2）

图 5-55 中式亭榭速写欣赏三

（1）

（2）

图 5-56 中式亭榭速写欣赏四

（3）

（4）

续图 5-56

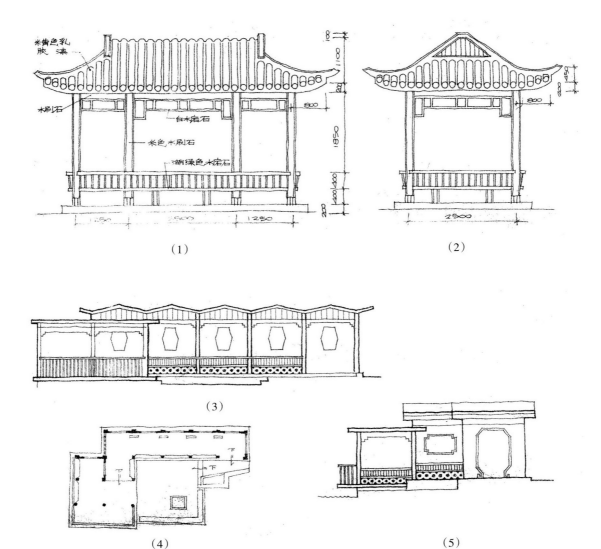

（1）

（2）

（3）

（4）

（5）

图 5-57　中式亭榭立面图

2. 廊

廊如图 5-58 和图 5-59 所示。

（1）

（2）

图 5-58　中式长廊速写欣赏一

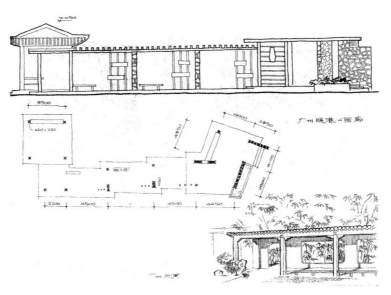

图 5-59 中式长廊速写欣赏二

（二）走道

走道如图 5-60 和图 5-61 所示。

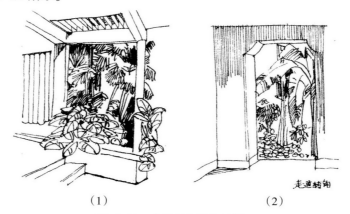

（1）　　　　　　　　　　　（2）

图 5-60　走道局部速写欣赏一

图 5-61　走道局部速写欣赏二

（三）盆景墙

盆景墙如图 5-62 和图 5-63 所示。

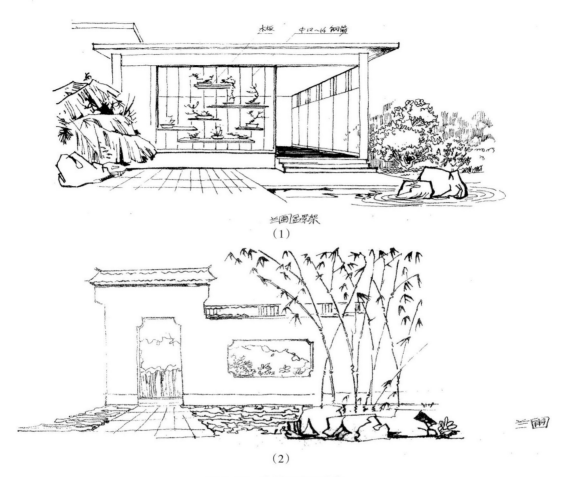

（1）

（2）

图 5-62　盆景强速写欣赏一

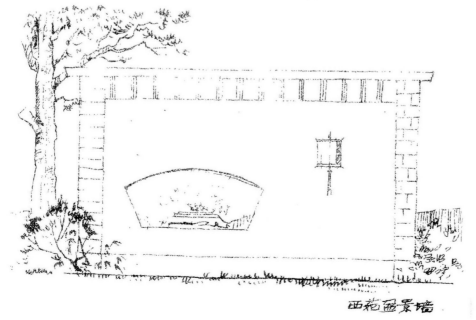

图 5-63　盆景墙速写欣赏二

(四) 其他——室内

室内表现如图 5-64 至图 5-66 所示。

图 5-64　室内速写欣赏一

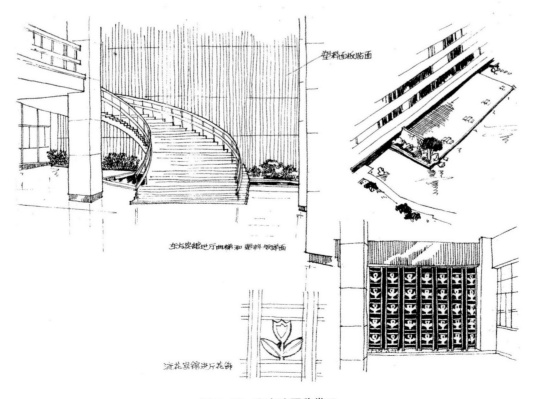

图 5-65　室内速写欣赏二

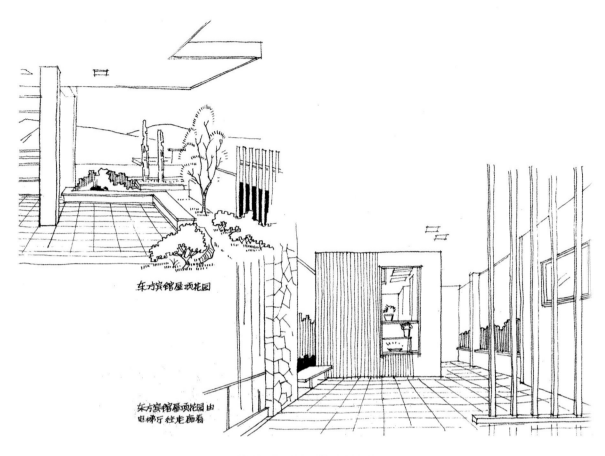

东方宾馆屋顶花园

东方宾馆屋顶花园由
电梯厅往走廊看

图 5-66　室内速写欣赏三

（五）外景整体效果

室外速写欣赏如图 5-67 所示。

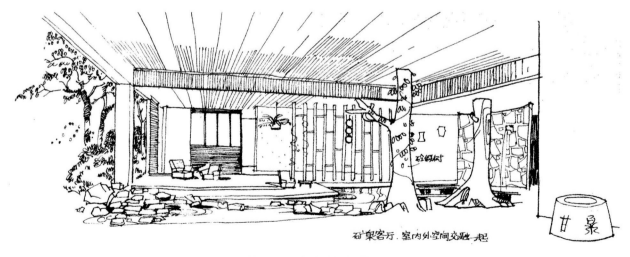

砼泉客厅. 室内外空间交融一起

图 5-67　室外速写欣赏一

速写中运用了简单，明快的线条刻画出外景轮廓，局部细节，硬朗肯定的笔触，把空间和主体都表现了出来，使得画面清晰明了。

室外速写欣赏如图 5-68 所示。

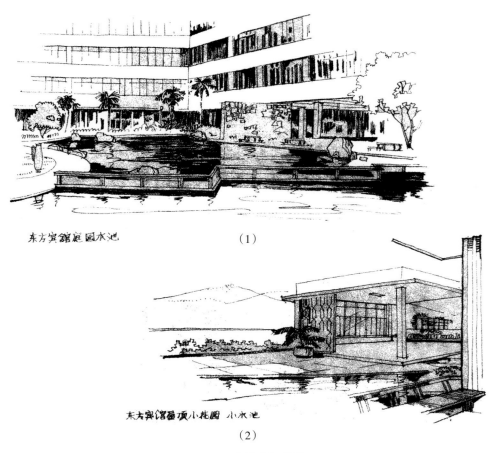

东方宾馆庭园水池

（1）

东方宾馆屋顶小花园 小水池

（2）

图 5-68　室外速写欣赏二

　　两条室外溯溪，视觉冲击力强，都是在外轮廓画完的基础上，再用大量黑白色块的对比，构成主体建筑物的受光面、背光面，增强了画面空间感。

　　室外速写如图 5-69 至图 5-71 所示。

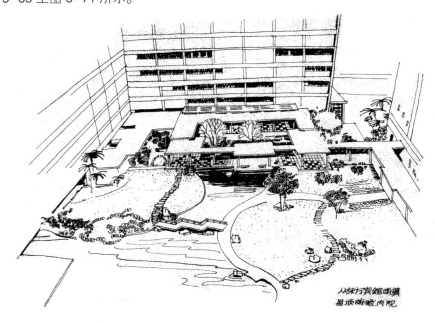

从东方宾馆溯溪
屋顶眺瞰内院

图 5-69　室外速写一

图 5-70　室外速写二

图 5-71　室外速写三

建筑速写欣赏如图 5-72 至图 5-75 所示。

图 5-72　建筑速写欣赏一

图 5-73　建筑速写欣赏二

图 5-74　建筑速写欣赏三

图 5-75　建筑速写欣赏四

参考
文献

JIANZHU JINGGUAN SHEJI SHOUHUI BIAOXIAN

[1] 蒲兴成.绘画与透视 [M].武汉：湖北美术出版社，2010.

[2] 郑曙旸.环境艺术设计 [M].北京：中国建筑工业出版社，2007.

[3] 中国建筑工业出版社编辑部.建筑画选[M].北京：中国建筑工业出版社，1979.